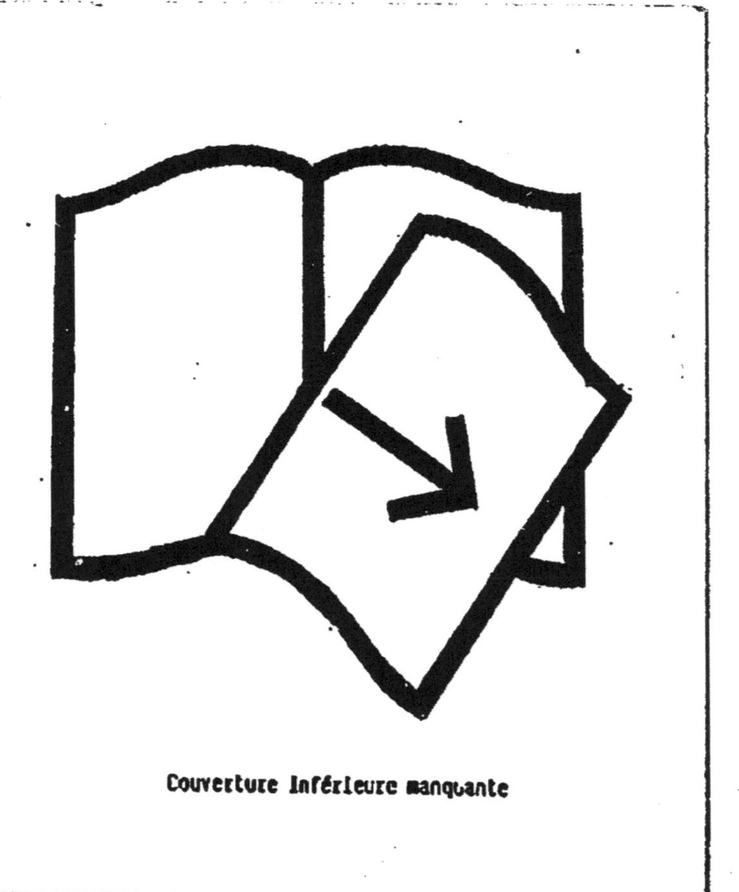

# GÉOGRAPHIE

DE LA

# RÉGENCE

# DE TUNIS

PAR

J. PERPETUA

TUNIS
VITTORIO FINZI
Imprimeur Libraire, Editeur

1883

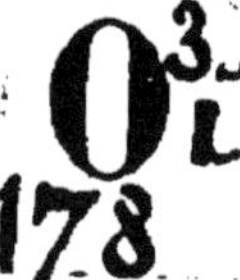

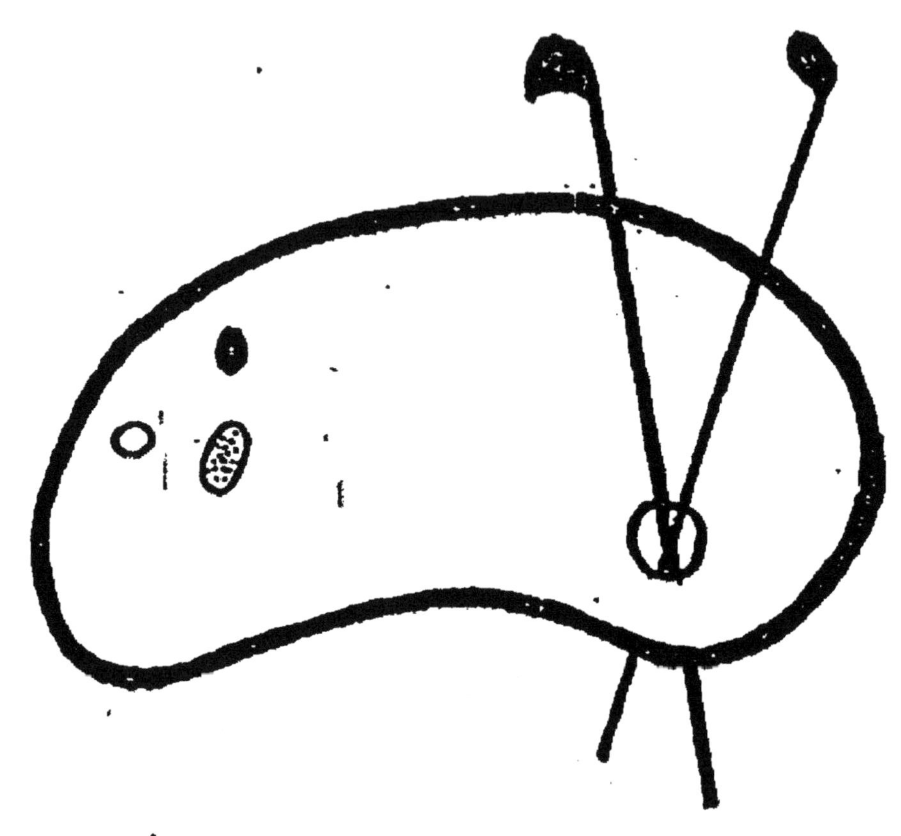

FIN D'UNE SERIE DE DOCUMENTS
EN COULEUR

# GÉOGRAPHIE

DE LA

# RÉGENCE DE TUNIS



PAR



J. PERPETUA

TUNIS
VITTORIO FINZI
Imprimeur Libraire
Editeur

1883

## OUVRAGES DU MÊME AUTEUR

NOTIONS DE GÉOGRAPHIE ASTRONOMIQUE (édition Italienne) 1, 80.

GRANDE GÉOGRAPHIE DE LA TUNISIE avec toutes les indications nécessaires aux voyageurs (id. Italienne) 2, 25.

PETITE GÉOGRAPHIE DE LA RÉGENCE DE TUNIS (id. Italienne) 0, 50.



Prof. G. Papalia

V. Finzi — Tunis, M. 84-2-83

# GÉOGRAPHIE

# DE LA RÉGENCE DE TUNIS

## I.

## CONTOURS ET LIMITES

### Situation, Etendue.

La Tunisie est bornée par la mer Méditerranée qui la baigne au N. et à l'E., sur deux des côtés du parallélogramme qu'elle forme et dont l'angle saillant est le cap Bon (Ras-Addar); par l' Algérie, et la Tripolitaine qui en forment les limites occidentale et méridionale.

Cette contrée s'étend du 37° 20' au 32° 20' latitude N., et du 5° 40' au 9° 12' longitude E., de Paris, du mont Dyr aux confins maritimes de la Tripolitaine. — La Tunisie a donc une étendue de 5° en longueur, c'est-à-dire de 125 lieues de France, ou 556 kilomètres; sa largeur de 3° 21', calculée sur le parallèle moyen 35$^{me}$, donne 303 kilomètres, en sorte que si les contours étaient rectilignes, ce pays présenterait une superficie de 168,468 kilomètres carrés; mais il y a lieu de déduire $^1/_6$ de ce chiffre, pour tenir compte de l'irrégularité des côtes et des frontières, ce qui ramène la superficie réelle à environ 135,000 kilomètres carrés, au lieu de 150,000 que M. Rocca lui attribue, ou de

50,000 milles carrés selon le bureau hydrographique des Etats-Unis. La Tunisie équivaut donc comme surface au quart de la France, au tiers de l'Italie ou au double de la Grèce.

## Golfes, Détroits, Rades et Ports.

Le littoral tunisien, qui se dirige au N-E,, du cap Roux au cap Bon, et au S.-E., de celui-ci à Bordj-el-Biban, a un développement de 600 kilomètres, ou 525 milles marins dont 170 sur le côté N. 355 sur le côté E.; il offre plusieurs golfes, rades et ports.

Nous trouvons en effet au N. le golfe de Bordj-Sdid, qui renferme l'île de Tabarque; le golfe de Bizerte entre Ras-el-Abiad et Ras-el-Zebib ou Sidi-bou-Choucha, et enfin le grand golfe de Tunis, qui peut se diviser en trois golfes secondaires indiqués par les caps Sidi-bou-Saïd, Ras-el-Fartas et Ras-el-Semiat. Sur la côte orientale on doit noter le grand golfe de Hammamet, qui va du cap Bon au cap Dimas, et qui renferme à l'extrémité N. le port de Kelibia, au centre celui de Hammamet et au S. celui de Sousse, ainsi que le petit golfe de Mistir dont la rade est grande et bien abritée. Entre les caps Dimas et Africa il y a le golfe de Mahdia et le port Maïnetto. Entre Ras-Kadija ou Kapoudia et Bordj-el-Marsa on trouve le vaste golfe de Gabès, qui renferme la rade de Sfax, un des ports les plus sûrs de la Régence. Le dernier golfe sur ces côtes est celui que, selon quelques auteurs, les anciens appelaient golfe du Triton, en face duquel s'ouvre une baie sans indication de nom, formée par l'île Djerba.

Les rades sont très nombreuses sur les côtes de la Régence; les plus fréquentées, après celles des principales villes maritimes, sont Porto-Farina, le cap Bon et Kelibia. Les détroits et les canaux étant en très petit nombre, nous n'aurons à citer que le canal des îles Karkena, le détroit El-Kantarah, qui sépare l'île Karkena de Gherba, les petits détroits qui séparent Djerba du continent, le canal de la Galita et celui de Zembrette.

## Isthmes, Presqu'îles et Caps.

Les presqu'îles de la Tunisie se rattachant au continent par une base très large, il n'y a pas d'isthmes proprement dits.

La presqu'île comprise entre le lac de Bizerte et l'embouchure de la Medjerda et celle du cap Bon, appelée Dakelat-el-Maouine, entre le golfe de Tunis et celui de Hammamet sont les seules qui méritent d'être citées; car la petite presqu'île qui sépare le golfe précédent de celui de Monastir, les deux presqu'îles vis-à-vis de Djerba ainsi que celle du Beled-Nefzaoua, qui s'avance dans la Sebka-el-Faraoun, sont ouvertes et de peu d'étendue.

Les caps que l'on rencontre sur ces côtes sont: le cap Nègre, le cap Tabarque, le cap Mounchihar, et au N., par 7° 28' de longitude E. et 37° 20' latitude N., le Ras-el-Abiad ou cap Blanc qui est le cap le plus septentrional non seulement de la Tunisie, mais de toute l'Afrique; puis le cap Zebib ou Sidi-bou-Choucha et Ras-el-Djebel. Ras-Sidi-Ali-el-Mekki est la pointe la plus occidentale et la plus septentrionale du golfe de

Tunis, où l'on rencontre le cap Gamart et le cap Carthage ou Ras-Sidi-bou-Saïd, surmonté d'un phare blanc de troisième classe. Ras-el-Fartas, cap Zafran et Ras-el-Semiat dans le golfe de Tunis sont des caps secondaires, mais Ras-Addar ou cap Bon, par 37° 4' latitude N. et 8° 44 longitude E. forme l'angle N. E. de la Régence, et est surmonté d'un phare à feu rouge que l'on voit à 25 milles de distance en mer. Sur la côte orientale on trouve la pointe de la presqu'île de Monastir, le cap Dimas, le cap Africa, et enfin Ras-Kapoudja et Ras-Marmar, qui forment la limite du golfe de Gabès.

### Iles et Archipels.

Sur la côte N.-E., aux confins de la Régence et de l'Algérie, et quelques milles à l'Est du cap Roux est située l'île de Tabarque; elle est à cinq lieues de la Calle; on peut la considérer, à la rigueur, comme une presqu'île parce que Aly Pacha, après la conquête de l'île, combla avec les décombres des maisons détruites le bras de mer qui la séparait de la terre ferme.

L'Archipel des *Fratelli*, qui est composé de deux petites îles et quatre ou cinq écueils, est placé entre le cap Doukara à l'E. et le Mouchikar à l'O. *Lunegila*, l'île du lac de Bizerte, est une bande de terre de trois milles dans la partie O. du lac; *Galita* est une île magnifique, au sol très fertile; on y remarque une forêt abondante en gibier de toute sorte. L'île a une longueur de trois milles sur deux de largeur; elle est complétement inhabitée. Les eaux qui la baignent sont très poissonneuses; on y trouve notamment beaucoup de langoustes. *Galitone* et *Aguglia* sont deux petites îles à un mille et demi S. O. de *Galita; Gallina* est à un demi mille au N. et entre celle-ci et *Gallo* il y a une petite île appelée *Pollastro*.

Les *Soeurs* sont des rochers nus et très petits. Les îles des *Cani* sont formées par deux rochers, l'eau y manque complètement, et sur l'un d'eux par 37°21' 16 et 7°44'E. s'élève un phare de 2me classe à lumière fixe visible à 18 milles en mer.

L'île *El-Demina* ou *Pillao* est située entre Ras Djebel et Ras-Ali-el-Mekki.

L'île *Plane* est séparée par un canal de trois milles de la Pointe de Porto-Farina.

*Chicli* est un îlot dans le lac de Tunis.

L'Archipel de *Zembra*, formé par El-Djamour ou Zembra et El-Djamour-Zerir ou Petite Zembra, est près du cap Bon; ces îles sont désertes, et on y envoyait autrefois les voyageurs soumis à la quarantaine.

Les îles *Kouriat et Coniglera* défendent le golfe de Monastir; la première a la forme d'un cercle, la deuxième est triangulaire et doit son nom à la quantité de lapins que l'on y rencontre; elles sont d'ailleurs basses, désertes, arides et fréquentées seulement par de nombreux oiseaux de mer.

L' *Archipel Karkena*, situé à l'extrémité N. O. du golfe de Gabès, comprend les îles de Karkena ou Ramlah, de Gherba, les petites îles de Coucha ou El-Beit au N. et de Kraga à l'E., C'est un pays bas et stérile qui manque d'eau; la population se livre soit à la pêche, soit à la confection de cordes et autres articles d'alfa.

L'île *Djerba* est à la limite S. E. du golfe de Gabès, elle est entourée de plusieurs îlots dont l'un dans l'ancien golfe du Triton. La mer est basse aux environs, l'île est séparée du continent par deux canaux: l'oriental et l' occidental. Ses caps principaux sont: Ras-Remcul, Ras-Trigamas, El-Tigian et Ras-Keryn; son port unique est celui de Marsa-el-Souk. Plusieurs villages et une quantité de maisons éparses réunissent la population de cette île, dont le sol sablonneux serait voué à l'aridité à cause du manque d'eau, s'il n'était rendu fertile par l'industrie de ses habitants qui, au nombre d'environ 30,000, sont presque tous agriculteurs ou pêcheurs. L'île est située par 9° 10' long. E. et 33°49 lat. N.; son climat est sec et sain, et son étendue est de 166 milles carrés.

Les îles de la madrague de Monastir nommées El-Havisan, Sidi-bou-el-Fadel-el-Ghedamsi et El-Oustani, pittoresques quoique nues et désertes; *El-Enf* petite île cultivée; *les Soeurs* au N. du cap Dimas et les *Surkenis*, dans le fond du golfe de Gabès près de l'île *Bezile*, sont de moindre importance.

## II.

## RELIEF DU SOL

### Montagnes et Versants.

Le système orographique de la Tunisie est formé par les dernières ramifications du grand et du petit Atlas qui forment le cap Bon, et qui dans quelques endroits s'élévent jusqu'à la hauteur de 1400 mètres, et quoique l'on rencontre çà et là quelques groupes isolés que l'on peut rattacher à ces chaînes, on peut dire que la Tunisie est divisée en deux versants, dont la ligne de faîte, partant de Tebessa, va en serpentant au cap Bon. L'un de ces versants regarde le N. O. et porte, par des vallées longitudinales, les eaux abondantes de cette région dans le bassin occidental de la Méditerranée, tandis que l'autre, moins important, tourne au S. E. et porte ses eaux dans le bassin oriental de la même mer.

Une chaîne de montagnes, dont le point culminant est le Ghorra (1200 mètres), forme la frontière de la Régence du côté de l'Algérie, près de laquelle les montagnes sont disposées dans l'ordre suivant: tout près de la mer s'élève la montagne des Kmirs, puis les monts Aïn-Draham, Addeda, Adissa et Taghma, qui la rattachent au Ghorra; l'Hiroug, et le Mallegue qui, avec les contreforts du Djebel-Zeitun près de Tebessa, achèvent la série des montagnes qui bornent la Tunisie. Dans le versant N. O. plusieurs petites montagnes forment la rive gauche de la Medjerda. Elles ont leur point culminant dans le mont Tehent, qui avec deux contre-forts forme le cap Serrat et le cap Blanc. Parmi les montagnes qui suivent la rive droite de ce fleuve ou de ses affluents, on doit indiquer particulièrement le Korra, le Zaafran, le Morra et l'Hamar. Le Djebel-bou Korneine (montagne des deux cornes) le Djebel-Rezas (844 m.) le Djebel-Zagouan, qui, selon quelques-uns, est la plus haute montagne, puisqu'il on lui accorde 1350 mètres d'élévation, et le Djebel-Dgiugar qui fournit à Tunis une eau bonne et abondante, forment la rive droite du Mellian. Sur la ligne de faite dominant les autres montagnes s'élèvent le Djebel-Berberou de 1200 mètres, l'Hamada-el-Kessera, le Djebel-Serdgi, le Belota de 1185 mètres et le Zilk de 1363 mètres.

Les monts Sidi-bou-Ganem, le Semata (1400 m.) l'Alouk-el-Mekila (1145 m.) et le Trozza (1000 m.) sont les seules élévations de terrain de quelque importance dans le versant S. E.; mais il y a dans cette partie de la Régence de nombreuses collines. Dans le sud de la Tunisie on remarque encore quelques vraies montagnes, entre autres le Djebel-Ras-el-Aïn dans le Djerid, le Djebel-beni-Yunes et le groupe du Bou-Adma qui s'élève à 1000 mètres au centre d'un vaste désert, tandis que le Djebel-Berdha et l'Arbet près des oasis atteignent jusqu'à 1100 mètres.

## Plaines et Plateaux.

La Tunisie est une pays riche en plaines et en petits plateaux; c'est à cette disposition du sol qu'elle doit l'abondance de ses céréales, en même temps que ses nombreuses collines lui permettent de produire de l'huile de qualité supérieure.

Parmi les plaines de ce pays citons en premier lieu celle de Zama, célèbre par la bataille qui termina la deuxième guerre punique, et que quelques-uns confondent avec celle de Zouarim, d'autres avec celle de Jama. Dakla est une plaine immense au-delà de Béja, habitée par les Ouled-ben-Salem et coupée par la Medjerda; à peu de distance se trouvent les plaines moins étendues de Bahert-el-Sers et Bahert-el-Ghorfa. Tapsus est une plaine célèbre dans les temps anciens; elle longe la côte orientale, et on l'appelle aujourd'hui Es-Sahel, c'est-à-dire *côte*, à cause de sa situation; elle est extrêmement riche en oliviers, et s'étend depuis la mer jusqu'aux montagnes qui se rattachent au Djebel-

Trozza. L'Enfida est entre Sousse, Hammamet et Kairouan; elle renferme dans son vaste circuit plusieurs petites collines, un lac salé, des bois et des terrains cultivés qui produisent surtout des céréales et des olives.

La plaine de Sfax qui, depuis les collines qui la séparent du Sahel, va jusqu'au pays des Hammema et des Beni-Zid, comprend à peu près toute la province de l'Aarad.

Le Beled Nefzaoua renferme environ quarante oasis séparées du Beled-el-Djerid par la Sebka-el-Faraoun.

Dakelat-el-Maouine dans la presqu'île du cap Bon, la plaine des Ouled-Trabersi, sur la rive droite de la Medjerda entre l'Oued Siliane et Tunis, la plaine nommée Feriana et la Djeriba ont peu d'importance.

La partie septentrionale de la Régence est toute couverte de montagnes; néanmoins on n'y voit pas de grands plateaux, à moins qu'on ne veuille donner ce nom au groupe du Kissera, au centre de la Régence, et à la plaine élevée de Ramada près des monts Barkou.

## Fleuves et Bassins.

Les Bassins maritimes qui reçoivent les eaux de la Tunisie sont au nombre de deux, celui du N. et celui de l'E. qui se déversent respectivement dans le bassin occidental et dans le bassin oriental de la Méditerranée. Le premier reçoit les deux plus grands fleuves de la Régence; la Medjerda et la Meliana ainsi que l'Oued Kebir, l' Oued Zouara, l'Oued Joumin et l'Oued Menzah ou Bou Halif; le second ne reçoit que des ruisseaux tels que: El-Abiad, El-

Oudien et El-Sheib dans la presqu' île du cap Bon; El-Sbahia dans le golfe de Hammamet; El-Cehir, El-Medjerda-e-Zez, le Morra et la Tsemara dans le golfe de Gabès. Aux deux bassins maritimes vient se joindre un bassin intérieur assez important, celui de la Sebka-el-Faraoun et des Chotts.

*El-Kebir* prend sa source dans le mont Balta, coule aux pieds des montagnes des Kmirs, reçoit l'Oued-Cehila et se jette dans le golfe de Tabarque.

Le *Zuara* naît des monts Kef-E-Dargougri, reçoit le Bou-Zenna et le Melah et tombe dans la Méditerranée à l'E. du cap Nègre.

Le *Joumin* a ses sources sur le petit plateau du mont Smadah, et, après avoir été grossi des eaux du Sidi-Ali-el-Aclif et du Tin, va se jeter dans le Gaarat Lecheuel.

*La Medjerda*, (Bragada) quoique non navigable, est néanmoins le plus grand fleuve de toute la Barbarie; elle prend naissance dans la province de Constantine non loin d'une ruine romaine connue sous le nom de Kamissa, à 25 Kilom. de Soukaras, traverse la partie septentrionale de la Tunisie dans la direction N. E., et après un cours de 80 milles en ligne droite à travers le Tell tunisien, va se jeter dans le golfe de Tunis au S. de Ghar-el-Melah ou Porto-Farina.

Elle reçoit sur sa rive gauche le Gragraï, l'Hertema, l'Oued Béja et l'Oued Zergua; sur la droite ses affluents sont le Meliz, le Melegue, le Kralled, le Selian et le Massouge.

Le cours de ce fleuve est, jusqu'aux environs d'Utique, ce qu'il était dans les temps anciens; mais il a changé de lit près de son embouchure.

L'*Oued-el-Melian*, l'ancien Catada, est le deuxième fleuve de la Régence; il prend sa source dans le plateau de Hemada près du mont Barkou, sous le nom de Oued-el-Kebir, se dirige au N. E., échange son nom pour celui de Oued-el-Melah, reçoit ensuite une petite rivière, et après un cours de 60 milles se jette, sous le nom de Melian, dans le golfe de Tunis, au S. E. de Rades.

L'*Oued-el-Fekka* coule dans des terrains bas et se jette, après avoir reçu le Hallouf, dans la Sebka-el-Kérouan, à 100 milles environ de sa source. La même Sebka reçoit aussi le Marguellil et l'Oued-el-Foul.

Le fleuve appelé successivement Adouf, Baïche et Tarfaoui a son embouchure dans la Sebka-el-Baasa près de celle du Faraoun.

Les fleuves du versant oriental n'ont pas d'importance.

## Lacs, Lagunes, Sebkas et Volcans.

La Tunisie n'a pas de lacs; les nappes d'eau qu'on trouve dans son territoire sont des lagunes ou sebkas (chotts).

*Lagunes.* — Le lac de Bizerte est double; le premier, appelé Gaarat Lecheuel, mesure 14 Kilom. dans sa plus grande longueur et 5 dans sa partie la plus étroite indiquée par le mont Iskul; sa surface est de 8000 hectares.

Le *Tinga,* ou véritable lac de Bizerte, n'est séparé du précédent que par un petit canal; il renferme l'îlot de Lunegila dans sa partie occidentale. Sa surface est évaluée à 160 Kilom. carrés; il est très riche en muges et autres poissons.

*Bahert-el-Melah*. Le lac de Porto Farina a une forme elliptique, une surface de 40 Kilom. carrés, et n'est séparé de la mer que par une langue de terre très étroite; le canal par lequel il communique avec la mer a environ 200 mètres, mais il est peu profond, et le lac ainsi que le canal sont sur le point d'être comblés par les atterrissements de la Medjerda.

*El-Bahirah* de Tunis renferme Chicli, un îlot sur lequel s'élève une petite forteresse qui était jadis le lazaret; on prétend que ce lac recouvre un grand nombre d'antiquités; il a vers le côté oriental quelques petits écueils sans importance. Sa superficie est de 60 Kilom. carrés; il communique directement avec la mer par le canal de la Goulette.

*Le Bahert-el-Bibaen*, aux confins de la Régence du côté de Tripoli, est séparé de la mer par une bande de terre qui ne laisse à ses eaux, d'une surface de 250 Kilom. carrés, qu'un passage très étroit.

*Sebkas.* — Les indigènes appellent Sebkas des marais où se jettent des ruisseaux; les Sebkas sont peu profondes, mais elles ont souvent une grande étendue; c'est ce que les Européens appellent chotts.

La Sebka Seldjoumi est à l'ouest de la ville de Tunis, et n'a rien de remarquable.

Sans parler de la sebka El-Rouen près de Gammart, ni de la Djeriba, que l'on rencontre entre Tunis et Sousse, ni de la Sebka El-Koursia, entre la Medjerda et le Melian dans le territoire des Ouled-Trabelsi, ni d'un petit lac salé dans l'Enfida, on doit noter la Sebka Sidi-el-Hani ou lac de Kérouan, grande nappe d'eau qui a 35 kilom. de longueur et 500 kilom. carrés de surface.

La sebka Mellah-mta-el-Grarra est à mi-chemin entre Kérouan et Sfax, qui a à l'occident la petite sebka El-Meheguigue. Au Sud de la Régence s'étend la grande sebka El-Faraoun ou chott El-Gérid: celles de Zarzis, de Mouknin, Mahdia, Halk-el-Minzel Keltra Sahalin, Oued-Elghi Sidi-Boualou, Mestir, Soliman et Korba sont moins importantes.

Les volcans manquent complètement, on n'en connaît qu'un éteint, le Bou-Kornéine à l'O de Tunis; aussi les tremblements de terre sont-ils très rares.

*Particularités.* Le sol de ce pays est jonché de décombres et présente quantité de grottes artificielles ou naturelles. Ce sont ordinairement les carrières d'où les anciens tiraient leurs matériaux de construction.

## III.

## PRODUITS

### Climat et Sol.

La Tunisie, placée dans la zône tempérée, mais à moins de 12 degrés du tropique, jouit d'un climat chaud, qui présente cependant d'assez grandes variations même à des distances relativement faibles. Si au N. O. de la Régence la chaleur est moins forte, cela tient moins à la latitude qu'à l'élévation du terrain, aux nombreux affluents de la Medjerda et au mistral qui rafraîchit les côtes. Quoiqu'il en soit, le climat d'un pays où le thermometre ne descend jamais à 0° et où en été il dépasse 42.° doit être classé parmi les climats chauds. En outre, comme en raison du développement des côtes, l'atmosphère est constamment saturée de vapeurs d'eau, on doit le comprendre parmi les climats chauds-humides.

Vents dominants. — Le *Chili*, que l'on appelle *Guebli* dans le sud, souffle ordinairement pendant 3 ou 7 jours sans interruption, et sèche tellement le terrain que la poussière s' élève en tourbillons. En hiver c' est le N. ou le N. O. qui domine, en été c' est le S. E. et, bien que l' on divise l' année en quatre saisons, la Tunisie n' en a réellement que deux: celle des chaleurs et celle des pluies avec des variations brusques parfois. Dans les années où les pluies sont abondantes, le temps est assez froid même au mois de Juin: quand au contraire les pluies manquent, la chaleur est étouffante, même en janvier. Les nuits sont très fraiches en automne et très chaudes en été.

Le climat de la Tunisie prédispose à plusieurs maladies, principalement aux fièvres intermittentes et typhoïdes; il y a cependant des endroits où l'air est très sain et la chaleur tempérée, entre autres Nabel, l'Ariana, Ras-Djebel et la Marsa. Aussi est-ce dans ces localités que les familles aisées de Tunis vont en villégiature pendant la saison chaude.

*Sol*. — Tous les terrains sont productifs, mais à des degrés différents, de là des inégalités dans le bien-être des habitants. La Vallée de la Medjerda doit être citée comme rémunérant largement le travail très défectueux des ses agriculteurs. Les terrains du versant oriental, quoiqu'on puisse les considérer comme des déserts dans les temps de sécheresse, produisent si abondamment dans les années de pluie, que les Arabes du Sahel prétendent qu' une seule de leurs récoltes équivaut à quatre de celles du versant septentrional. Les terrains absolument stériles sont rares et il faut les chercher vers le Djérid, car même sur les montagnes où il n'y a aucune culture, l'alfa croît spontanément. Il est certain que si l'industrie des habitants était en rapport avec la bonté du terrain, les produits seraient bien plus abondants. Le sol tunisien n'est pas cultivé partout avec le même soin; le Nord est préféré, les pluies manquant plus rarement, on y court moins de risques, et l'on peut dire que c'est dans la plaine de Béja et aux environs de Mateur que la culture atteint son plus grand développement.

## Minéraux.

*Pierres et terres.* — Le cristal de roche, le marbre, le plâtre, la chaux, le ciment, ne manquent pas; les montagnes abondent en sulfates, carbonates et métaux, comme le prouvent les nombreuses sources d'eaux minérales que l'on rencontre sur différents points. A l'O. de la Mahdia il y a des carrières de pierres poreuses et dans tout le pays quantité d'autres carrières: les deux plus renommées sont celles de Chemtou et de Chemmonoun.

*Métaux.* — Près de Tabarque il y a des minières riches en fer, on trouve de l'or au Bou-Hedma, du plomb à Djebel-Ersas et dans le Djoubemin, le sable de la Goulette est aurifère, et dans les minières déjà nommées on trouve également le mercure et l'argent; dans le mont Hamar enfin il y a des gisements de cuivre.

*Eaux.* — Toutes les villes de la Régence ont de l'eau de bonne qualité dans des réservoirs construits à l'intérieur ou près des remparts, et chaque maison est pourvue d'une citerne; mais on trouve aussi dans le pays une grande quantité d'eau saumâtre, car non seulement les lacs, mais même plusieurs sources sont salées.

La Tunisie est extrêmement riche en eaux minérales, et surtout en eaux thermo-minérales; Korbous, Hammam-el-Enf, Hammam-Sgededi sont les plus célèbres; mais il y en a d'autres entre Sfax et Gafsa, à Nefta, à Sidi-Hakat, à Sbeitla, à El-Hamma et au-delà de la ville de Béja.

*Sel.* — Le territoire de la Régence donne une énorme quantité de sel; mais on néglige ce produit parce qu'il n'est pas demandé pour l'exportation. Le cafis de sel pèse 544 Kg., et dans la Tunisie il y a des salines qui peuvent donner largement 6000 cafis chacune, alors que la consommation atteint seulement 10000 cafis. Le salpêtre qui abonde également n'est pas l'objet d'un grand commerce.

## Végétaux.

*Arbres forestiers.* — Le Nord de la Régence est riche en forêts; celle de Tabarque a une étendue de 12 Kilom., et renferme des pins, des chênes, des frênes, des cyprès d'une taille gigantesque; les penchants des montagnes sont couverts de caroubiers, de lauriers, de myrtes, de mûriers et d'autres essences. Nous citerons parmi ces forêts celle du Zaghouan où le thuya occupe environ 40000 hectares, et celle des acacias gommifères de Talah dans le Sud. Le long du chemin de fer de Tunis-Ghardimaou on a planté une énorme quantité d'eucalyptus globulus; le poivrier croît partout.

*Arbres fruitiers.* — De véritables forêts de palmiers et de bananiers, dans les oasis surtout, reposent la vue fatiguée par les sables; le figuier de Barbarie est si commun que l'on s'en sert pour faire les clôtures; l'abricotier, l'amandier, le pêcher, le pommier, le prunier, le poirier, le coignassier, le grenadier, le framboisier, le figuier, le néflier, le pistachier, le jujubier et surtout l'oranger, le cédratier et le citronnier donnent de bons produits, l'olivier vient naturellement dans toute la Tunisie, favorisé par la douceur du climat.

*Céréales.* — La Tunisie produit toutes les céréales, l'avoine exceptée, surtout dans les nombreuses vallées formées par les dernières ramifications du grand et du petit Atlas, et qui sont comprises dans le bassin septentrional; le blé dur et l'orge sont les céréales les plus cultivées. Les fèves, dont on cultive deux qualités, sont d'un bon rendement, et il s'en exporte beaucoup.

*Plantes potagères.* — On trouve en Tunisie tout ce que les jardins potagers d'Europe peuvent produire, ainsi que quelques légumes particuliers au pays comme la Gannaouia. Les environs de Porto Farina produisent des pommes de terre très bonnes. La patate, cette ressource en Algérie, n'est pas cultivée dans le pays.

*Plantes industrielles, textiles et oléagineuses.* — Parmi les textiles on compte le coton, l'alfa, l'aloès, le palmier, l'ortie, le chanvre.

C' est en 1866 qu'a été introduite la culture du coton dans la Régence; elle est aujourd'hui négligée; l'alfa croît sans culture sur les penchants des montagnes, et l'Arabe en fait la récolte sans avoir besoin d'y être autorisé. Ce produit est de plusieurs qualités; il a pour débouchés les ports de Sousse, Sfax et Gabès. Le lin est cultivé dans le nord. L'aloès et l'ortie sont délaissés, l'industrie n'a pas encore su en tirer parti.

*Plantes pharmaceutiques et tinctoriales etc.* — Le ricin se trouve partout et infecte l'air, mais on ne l'utilise pas pour en extraire l'huile purgative qu'il renferme. La garance, et le henné, dont les feuilles donnent cette couleur jaune orange tellement recherchée par les Juives et les Musulmanes pour teindre leurs ongles, sont assez communs.

Dans le Sud on cultivait autrefois la canne à sucre. On ne peut guère citer que quelques champignons et la ciguë parmi les plantes vénéneuses. Mais à la rigueur on pourrait ranger dans cette catégorie le tabac et le tecrouri.

## Faune.

La Régence n'a pas d'oiseaux qui lui soient particuliers; on y trouve tous ceux de la zône tempérée, mais les plus communs sont les oiseaux de passage tels que grives, étourneaux, cailles, tourterelles, perdrix, becfigues, hirondelles et tous ceux de l'Europe Méridionale.

Au sud on trouve l'outarde; Rebatel et Tirant prétendent avoir rencontré un autre oiseau qui reproduit les notes de la gamme et Guérin croit avoir vu le moka.

Les insectes ne manquent pas, mais les seuls dignes d'attirer notre attention sont: les abeilles qui donnent du miel exquis; les moustiques, dont il est difficile de se préserver, et les sauterelles qui détruisent de temps en temps les récoltes.

Parmi les oiseaux aquatiques c'est au flamant que revient la première place; le grèbe est très recherché pour son plumage, et les bords des chotts sont riches en gibier à plume de toute espèce.

La mer qui baigne le littoral tunisien est très poissonneuse; les homards, les langoustes, les rougets, les mulets y sont communs; trois madragues ont été établies pour la capture du thon, à Monastir, au cap Zebib et à Sidi Daoud. Cette dernière est la seule qui soit en exploitation aujourd'hui. La pêche des éponges a lieu entre Sfax et Bibaen. Les produits sont classés suivant leur degré de finesse en éponges pour l'armée, en éponges de ménage et en éponges de toilette; les $^{93}/_{100}$ de cette récolte sont demandés par les marchés de Marseille et de Paris.

La pêche du corail est exercée depuis longtemps sur ces côtes, mais par un traité du 24 Octobre 1832 la France s'est assuré à perpétuité le monopole de cette pêche sur tout le littoral, moyennant un droit annuel de 13400 piastres (environ 8500 francs) qu'elle paye encore aujourd'hui à l'administration des revenus concédés.

Depuis longtemps les lions ne sont plus signalés; il n'y a pas davantage de loups, car ceux que l'on vend sous ce nom sont des chacals, animal qui tient à la fois du loup et du renard; on rencontre la panthère dans le nord, le lièvre et le porc-épic un peu partout, le sanglier sur les montagnes avec quelques cerfs et quelques daims; enfin, dans les immenses plaines au sud de Sfax erre la gazelle dorcas que les Arabes appellent ghaza, gracieux petit animal aux cornes à double courbure, aux jambes extrêmement fines, aux yeux noirs, vifs et pleins de douceur, aux grandes oreilles, à la queue courte et terminée par un bouquet de poils noirs; sa chair très recherchée est un mets délicat. Les belettes et les gerboises causent assez de dommages aux récoltes.

Parmi les reptiles et les insectes nuisibles on doit citer la vipère et le scorpion dont les piqûres sont mortelles, puis les serpents, les couleuvres, les crapauds et les araignées dont quelques-unes sont monstrueuses. Les serpents foisonnent, protégés par la superstition populaire.

On rencontre partout des chevaux, des mulets, des ânes, des brebis et des chèvres. Les chevaux arabes sont très rares. Les races du pays sont de petite taille, comme ceux connus sous le nom de Djebeli; les plus estimés après les arabes pur sang sont ceux qu'on qualifie de Barbes. Dans les haras de Sidi-Tabet on essaye d'améliorer la race et d'en créer une anglo-arabe par le croisement des juments anglaises avec les étalons syriens.

Les bœufs sont de petite taille. l'âne n'est guère plus grand qu'un bélier; le mulet est très estimé, la classe aristocratique s'en sert pour les attelages. Les nombreux troupeaux qui couvrent les côteaux et les versants des montagnes, ainsi que les plaines du bassin oriental fournissent au commerce une grande quantité de laine; à l'Anfide on a reçu depuis peu des brebis mérinos, mais la variété la plus commune dans le pays est celle des brebis à large queue.

Le chameau est pour l'Arabe une véritable fortune; chair, lait, poil, tout est utilisé. Il est employé tour à tour comme bête de somme, de trait et de labour, et l'on peut dire que l'Arabe sans cet auxiliaire est ruiné; le chameau porte de gros fardeaux, il s'agenouille pour les recevoir ainsi que pour en être déchargé. Le Mahari est complètement inconnu. Le porc est élevé par les Maltais de basse condition. Le chien arabe, le terrible gardien de la tente, offre de beaux échantillons dans son genre. Les animaux de basse-cour de toute espèce sont communs.

## Commerce.

*Voies de communication.* — Les routes carrossables, la navigation à la vapeur et à la voile, les chemins de fer, les postes, le télégraphe, les caravanes sont les moyens de communication de ce pays.

C'est une ironie que d'appeler carrossables les sentiers battus par les Maltais et les Arabes dans leurs voyages. Les routes qui méritent ce qualificatif se bornent à celles qui avoisinent la capitale, notamment celles du Bardo, de Hammam-Lif et de la Goulette.

Trois lignes de chemin de fer forment le réseau de la Tunisie, savoir : le chemin de fer de la Goulette qui a en tout 42 kilom. de développement; la ligne de Ghardimaou qui est de 195 kilom., et qui par Soukharras reliera la Tunisie à l'Algérie, la ligne de Hammam-Lif de 18 kilom. qui doit être continuée jusqu'à Sousse, et peut-être jusqu'à Gabès. A ces lignes on peut ajouter un tramway à traction de chevaux qui de Sousse va à Kérouan.

Le service de la correspondance est fait par les bureaux de poste français et italiens, et par les caravanes; le service télégraphique est entre les mains de l'administration française.

L'importance de la navigation est indiquée par le tableau suivant:

MOUVEMENT DE LA NAVIGATION

| NATIONALITÉ DES NAVIRES | 1880 | | 1881 | |
|---|---|---|---|---|
| | Nombre des Navires | Tonnage | Nombre des Navires | Tonnage |
| Prussiens | 5 | 3686 | » | » |
| Anglais | 215 | 78000 | 199 | 58115 |
| Autrichiens | 13 | 1320 | 19 | 2522 |
| Belges | » | » | 2 | 2145 |
| Egyptiens | 1 | 238 | » | » |
| Espagnols | » | » | 7 | 969 |
| Français | 523 | 219781 | 1389 | 574582 |
| Grecs | 15 | 1732 | 40 | 9445 |
| Hollandais | » | » | 1 | 627 |
| Italiens | 999 | 190083 | 1328 | 314224 |
| Norvégiens | 3 | 1396 | 4 | 1597 |
| Turcs | 47 | 1958 | 42 | 1343 |
| Russes | 2 | 455 | 1 | 545 |
| Suédois | » | » | 2 | 469 |
| Tunisiens | 138 | 6666 | 578 | 9623 |
| Total | 1961 | 505315 | 3612 | 976206 |

*Exportation.* — Les céréales, les cuirs, les éponges, l'alfa, l'huile, la laine, les légumes, le bétail, les fruits secs sont les articles les plus importants pour l'exportation, qui a donné les chiffres suivants dans les dernières années.

| | |
|---|---|
| 1870-71 | P. 2,912,615. 18 |
| 1874-75 | » 4,940,162. 22 |
| 1879-80 | » 4,936,042, 04 |
| 1880-81 | » 3,917,135, 59 |

L'*Importation* comprend principalement tous les articles de fabrication européenne. Quant aux matières premières, on peut dire que la Suède fournit les bois de construction, l'Italie les marbres, les meubles et le charbon de bois, la France les draps, l'Angleterre les toiles et la houille, l'Allemagne les vitres et les métaux.

L'importation a donné en 1880 un total de 21,167,758 piastres avec une recette de 1,662,267 pour les revenus concédés.

## Industrie.

L'industrie est à peu près morte; ce qu'il en reste est entre les mains des étrangers établis dans le pays, l'indigène ne fait aucun effort et l'Europe lui fait une concurrence énorme. La confection des *chechias* autrefois si active est presque complètement délaissée. Cependant on produit encore quelques articles en soierie et broderie. Sousse produit du savon excellent qui donne environ 1500 quintaux à l'exportation, et le commerce tire de l' île de Djerba de beaux tissus de laine; de Tozer des couvertures magnifiques appelées Tougeri et de Gafsa des couvertures qui par la disposition des couleurs et par leurs dessins ressemblent à des tapis.

Dans la ville de Tunis on trouve des tanneries, des établissements pour l' industrie du tabac, des usines pour la fabrication de la glace; des fours à vapeur; des briquetteries; des minoteries; à la Djedéida il existe une minoterie, à Nebael et Djerba des fabriques de poterie, et un peu partout l'industrie des alcools et des parfums; une société italienne a la propriété de la minière de Djebel Arsas qui est en pleine activité; mais en général ce pays si riche est presque abandonné. Le reboisement et l' exploitation des mines suffiraient cependant pour lui rendre son ancienne prospérité.

## IV.

## HABITANTS.

La population de la Tunisie sauf celle qui se livre au commerce ou à l' industrie, n'est pas sédentaire. Dans les campagnes les tribus sont en grande partie nomades et leurs migrations sont déterminées soit par la sécheresse, soit par les pluies. On peut donc classer la population en 3 catégories:

1.° Les tribus;

2.° La population fixe indigène;

3.° Les colons, Européens en majorité.

Il n' y a ni d'état civil ni de recensement, par suite nulle certitude d'appréciation. On est cependant d'accord pour accorder à la Tunisie environ 1,400,000 habitants, ce qui ferait un peu moins de 11 par kilom. carré.

La colonie étrangère comprenait le 31 Décembre 1881, 24,217 sujets et 11,770 protégés partagés entre les nationalités suivantes:

| | sujets: | protégés: |
|---|---|---|
| Italiens | 10,228 | 21 |
| Français | 3,394 | 11,562 |
| Anglais | 8,974 | 5 |
| Grecs, Suisses, Autrichiens etc. | 1,621 | 182 |

*Races et langues*. — Cette population est un mélange tel qu'on peut difficilement s'en former une idée exacte. On peut dire cependant qu'elle appartient partie à la race caucasienne, partie à la race nègre. Quant au classement parmi les douze familles ethnographiques, on rencontre dans la Régence les types, Aryen, Sémitique, Tartare et Nègre.

La langue officielle du pays est l'Arabe; les basses classes parlent un dialecte arabe, les Juifs se servent de l'hébreu pour leur culte et les Européens conservent la langue de leurs pays respectifs. Peu d'entre eux se donnent la peine d'étudier l'arabe. L'italien est la langue la plus commune dans la colonie étrangère.

*Religions*. — *Les Musulmans* suivent 4 rites: le Meleki, le Kenefi, l'Hambeli et le Chafaï; mais presque toute la population se rattache aux deux premiers; il y a en outre les habitants de Djerba qui sont Kouems ou hérétiques.

*Les Israëlites* se divisent en Tounsi et Gourni. Chacune de ces sectes a un consistoire, une administration et un budget séparés, mais tous sont talmudistes.

*Culte catholique.* — Le diocèse de Tunis relève de l'archevêque d'Alger qui en est l'administrateur apostolique. La mission catholique, qui date du temps de Saint-Vincent-de-Paul, compte aujourd'hui 10 paroisses et plusieurs établissements d'instruction et de charité; le nombre des catholiques est d'environ 17,000.

*Cultes non catholiques.* — Il existe à Tunis deux petites congrégations protestantes, l'une anglicane, l'autre réformée. L'unique temple appartient à la colonie anglaise qui en a accordé l'usage pour le culte en langue française. Tous les protestants de la Tunisie sont au nombre d'environ 600.

A Tunis les Grecs ont une église. On peut évaluer à 1000 le nombre de personnes qui se rattachent à ce culte.

*Instruction.* — Les colonies et les différents cultes ont des écoles entièrement indépendantes de l'autorité locale. La mission anglaise a un collége de garçons et une école de filles; les Italiens ont à Tunis un collége pour les garçons et un pour les filles, ainsi qu'une école d'arts et métiers, des écoles à la Goulette et à Sousse, et tous ces établissements sont subventionnés par le gouvernement italien.De la mission catholique dépendent le collége de S.t Charles, « jadis de Saint Louis » et plusieurs autres écoles. L'alliance israëlite a un grand collége à Tunis. Les indigènes ont en fait d'établissements d'instruction le collége Sadkia, puis, selon la statistique de Hadgi Lazougli, 112 écoles du Coran avec 3495 élèves, à Tunis, et 409 écoles avec 10221 élèves dans toute la Régence. Pour les études supérieures, les musulmans passent à la grande mosquée, qui est sous la direction de 2 Mouftis et de

2 Cadis avec 64 professeurs 40 stagiaires, et 450 élèves. Les Européens n'ont d'autre ressource en fait d'instruction supérieure que d'envoyer leurs enfants dans les établissements de leurs pays.

*Œuvres d'art.* — Les beaux arts sont négligés car la religion de la majorité s'oppose à leur développement. Les œuvres d'art que l'on doit mentionner sont: le pont sur la Medjerda, celui de l'Oued-el-Melian, quelques mosquées, le canal de Zaghouan, et les chemins de fer.

*Justice.* — Parmi les indigènes la justice est administrée par les Caïds, le Ferik, les Scheiks, les Sciaraah ou tribunaux religieux, et par les Medjelez-el-Beldi. En vertu des capitulations, les Européens sont soumis aux tribunaux consulaires. L'année 1883 verra probablement l'institution des tribunaux français dont relèvera dès lors toute la population.

*Institutions de charité.* — Le petit hôpital des sœurs de Saint-Joseph et le grand hôpital que S. E. le cardinal Lavigerie se propose de bâtir, ainsi que d'autres institutions de moindre importance, sont dues à l'initiative de la mission catholique. Les indigènes possèdent également un hôpital, et toutes leurs donations quel qu'en soit le but sont indiquées sous le nom de Habes. Parmi les Européens il y a un certain nombre de sociétés de bienfaisance et de secours mutuels.

---

## V.

## GÉOGRAPHIE POLITIQUE

*Notions Historiques.* — L'Histoire de la Tunisie, suivant les phases qu'elle a subies, peut se diviser en huit périodes, savoir: Préhistorique, Carthaginoise, Romaine, Vandale, Grecque, Arabe, Turque et Contemporaine.

*Période préhistorique* — Quoique la Régence ne corresponde exactement à aucun des Etats qui se partageaient le littoral septentrional de l'Afrique, cependant ce que Salluste nous dit de cette partie du monde dans son récit de la guerre de Jugurtha suffit pour nous faire connaître les aborigènes. L'historien d'ailleurs est digne de foi bien qu'il ne donne ces détails que sous toute réserve. Voici ce qu'il dit: Je parlerai brièvement de ceux qui les premiers se sont établis en Afrique, et de ceux qui y ont abordé dans les temps postérieurs. L'Afrique a été peuplée par les Gétules et les Libyens, peuples rudes et sauvages qui se nourrissaient d'herbe, comme les brebis, et de gibier. Ils n'étaient gouvernés ni par des coutumes ni par des lois et ne reconnaissaient aucune autorité. Vagabonds et nomades, ils se couchaient là où la nuit les surprenait. C'est à cette époque que les Africains placent la mort d'Hercule, qui se trouvait en Espagne à la tête d'une armée composée d'hommes de peuples différents. La division s'étant mise parmi les chefs, qui tous prétendaient au commandement suprême, l'armée se dispersa. Les Perses, les Mèdes et les Arméniens qui en

domaines; la Numidie en eut aussi sa part. Le reste devint province romaine sous le nom *d'Afrique(Africa propria Proconsolare Zeugitane)*, province gouvernée par un magistrat romain dont le siége fut d'abord à Utique, plus tard à Carthage, lorsque, en 121 av. J. C., Gracchus proposa d'y envoyer la première colonie que Rome établit hors de la péninsule. La colonie devait être nommée Junonia, mais l'entreprise échoua, et l'on attribua cet échec aux malédictions que Scipion avait prononcées contre celui qui rebâtirait la rivale de Rome. Cela n'empêcha pas toutefois César de relever les remparts de Carthage, qui devint la deuxième ville de l'Empire romain. Quelques historiens prétendent, il est vrai, qu'il la transporta plus au sud dans le voisinage de la Goulette actuelle, mais ce fait n'est pas prouvé.

L'Afrique ouverte par la conquête au génie entreprenant des Romains reçut la civilisation de la métropole; l'agriculture devint florissante, des villes riches et populeuses surgirent non seulement sur le littoral, mais aussi dans l'intérieur du pays. Les ruines imposantes dont le sol est couvert aujourd'hui, notamment celles de Dugga et de l'amphithéâtre du Djem, l'ancienne Tysdrus qui eut l'honneur de proclamer empereurs les deux Gordiens, attestent la grandeur que la nouvelle Carthage avait atteinte. Les hommes illustres sortis de ses écoles dans cette période, Apulée, Arnobe, Tertullien, Saint-Cyprien et Saint-Augustin nous montrent toute l'importance, que ce pays avait acquise.

*Domination des Vandales.* — L'empire romain, le dominateur et le conquérant du monde, n'était plus que l'immense colosse dont les pieds d'argile trahissaient la faiblesse. Nulle mesure n'était capable de sauver l'édifice dont la base manquait de solidité. L'empire était en pleine décadence au temps de la tutelle de Valentinien III. La rivalité d'Aétius et de Boniface, que l'on a pu nommer les derniers des Romains, fut la cause de grands malheurs. Boniface qui était alors gouverneur d'Afrique, menacé par Aétius, appela à son aide Gondéric, roi des Vandales, qui ne tarda pas à accourir. La mort de Gondéric hâta l'expédition au lieu de l'arrêter, et le terrible Genséric, qui lui succéda sur le trône, donna le dernier coup à la domination romaine en Afrique. Les secours envoyés par l'empereur d'Orient furent impuissants pour reconquérir ces fertiles contrées, qui durent être abandonnées. La province d'Afrique résista longtemps aux envahisseurs, car Carthage ne fut prise que 8 ans après Hippone, 585 ans après sa première destruction par ordre du Sénat romain.

Un siècle s'était écoulé depuis la perte de l'Afrique, et la couronne était échue à Hildéric, l'aîné des princes Vandales (530), lorsque le peuple mécontent le remplaça par Gélimer; c'est alors que Justinien envoya élisaire pour reconquérir l'Afrique.

*Domination grecque.* — Le général de Justinien mit à la voile du port de Constantinople en 553; il arriva au cap Vada et marcha sur Carthage; les villes le reçurent en triomphe, il battit Gélimer et le mit en fuite, tandis que la mort d'Hildéric délivrait le vainqueur d'une compétition dangereuse. Carthage fut prise, et l'antique cité devint le siége de l'exarchat d'Afrique, après avoir été la capitale des Vandales. Constantinople ne jouit pas longtemps de sa conquête. Les successeurs de Bélisaire ayant dépouillé le peuple, celui-ci s'allia avec de nouveaux envahisseurs, et les Grecs durent à leur tour abandonner cette belle province.

*Domination arabe.* — Les Arabes firent cinq expéditions pour subjuguer la Tunisie. Les indigènes, fatigués de la mauvaise administration des Grecs, appelèrent à leur aide en 665 Moujah, fils de Abou-Sofian fondateur de la dynastie des Omniades. La ville de Kérouan fut créée pour devenir le siége du gouverneur d'Afrique. Celui-ci en vint peu à peu à se considérer comme indépendant des Califes très occupés en Orient; de leur côté les Emirs soumis au gouverneur suivirent son exemple, bientôt on vit en Afrique une quantité de petits états indépendants qui ne reconnaissaient que de nom la suzeraineté du Calife, car le seul acte de déférence de ces princes était la demande de l'investiture. Haroun-el-Raschid voulut faire rentrer l'Afrique dans son obéissance, et il envoya pour la gouverner Ibrahim, fils d'Aglab; mais celui-ci à son tour se déclara indépendant dans la ville de Kérouan, et fonda la dynastie des Aglabites l'an 184 de l'hégire (800); douze princes Aglabites se succédèrent sur le trône tunisien dans l'espace d'un siècle et quelques années. Le règne de Ziadet Allah, deuxième fils d'Ibrahim fut signalé par la conquête de la Sicile, dont la royauté fut donnée à l'un des princes de cette même famille. Le rebelle Abd-Allah, qui avait renversé les Aglabites, fut à son tour vaincu par le fondateur du Califat Fatimite Abou Mohammed Obeid Allah surnommé El-Mahadi. Cependant les Califes de cette dynastie étant passés en Egypte laissèrent la Tunisie au pouvoir de vassaux puissants. C'est alors que surgit la dynastie des Zeyrites qui, de Youseph à Hassan, régna pendant une période de 200 ans par une succession de sept princes dont le dernier abandonné par Abd-el-Moumin, se vit frustré de sa couronne (1160-555). Abou-el-Moumin, Abou-Yacoub, El-Mansour Yacoub, Nasé-el-Eddin Illah furent les princes Almohades qui régnèrent sur la Tunisie jusqu'en 603 (1206). Pendant cette époque le pays était bouleversé par des révolutions continuelles. Enfin la dernière dynastie indigène, celle des Beni-Hafs, dont le chef fut Abd-el-Ouaid, occupa le trône. Abou-Faress, qui proclama la Tunisie indépendante des Califes Almohades, lui succéda; mais il fut détrôné par son frère Yahia I.er C'est sous le règne de Abou-abd-Allah-Mohammed, fils de Yahia, qu'eut lieu le débarquement et la mort de St. Louis sur ces rives, 65 ans après l'établissement de la monarchie des Beni-Hafs, c'est-à dire en 1270.

*Domination turque* — La domination turque s'établit par la ruse. A la faveur des luttes continuelles entre Moulay-Hassan et Reschid, le terrible Kereddin amiral des flottes ottomanes, parvint à s'emparer de la ville de Tunis, en faisant croire qu'il venait remettre sur le trône le prince légitime; c'est ainsi qu'à la domination arabe fut substituée la domination turque en 1534 (941 de l'hégire). De grandes luttes s'ensuivirent; Moulay-Hassan invoqua l'appui de Charles-Quint, lequel organisa une expédition qu'il dirigea en personne. Parti de Barcelone le 31 mai 1535, l'empereur s'empara de la Goulette et de Tunis où 20000 esclaves furent délivrés. Toutes ces révolutions et ces conquêtes successives laissèrent le pays dans une complète anarchie. Pour y mettre un terme, Selim-Scia-ben-Suliman envoya Sinan-Pacha en Tunisie; celui-ci assiégea la capitale, prit la Goulette où il massacra la garnison espagnole, organisa le nouveau gouvernement en nommant un Pacha qui, avec le titre de Bey, eut l'autorité de Sinan même, et la haute administration du Pays; ce personnage était assisté d'un divan formé de guerriers sous les ordres desquels étaient placés 500 janissaires; le Pacha avait l'autorité civile, le Divan qui représentait l'autorité militaire avait un président avec le titre d'Agha. Bientôt cependant l'orgueil du Divan amena le massacre de ses membres par les janissaires qui élurent un nouveau Divan, dont le président reçut le titre de Dey, et dont le devoir était de contrebalancer le pouvoir du Bey, qui, dans la révolte, avait été respecté; peu après le Pacha Bey fut expulsé à son tour et ses attributions furent divisées de sorte que l'on eut un Pacha qui représentait l'autorité du Sultan, un Bey grand trésorier et un Dey chef des janissaires. L' argent de l' Etat fut employé par le Bey au service de ses ambitions personnelles L'incapacité et l'avarice des hauts fonctionnaires ne tardèrent pas à provoquer une révolte des troupes qui, après avoir chassé le Pacha, établirent un gouvernement presque républicain avec un Bey électif, qui n'avait que les apparences du pouvoir. Cependant les révolutions et les catastrophes se succédèrent encore pendant un demi-siècle jusqu'au jour où les deux frères Aly-Bey et Mohammed Dey établirent une dynastie nouvelle, qui se maintint jusqu'à la quatrième génération quoique au prix d'atrocités inouïes. Les Beys furent ensuite de nouveau nommés à l'élection par l'armée et le Divan, sur les propositions que le Bey régnant leur soumettait pour la désignation de son successeur.

*Domination de la Dynastie Houssenité.* — Hassan ben-Aly devint le chef de cette dynastie en proclamant l'hérédité de la couronne. Sous Aly Bey elle vit l'escadre française bombarder les principales villes maritimes de la Régence (1770). Son successeur Hamouda dompta la rebellion des milices turques en les détruisant dans les dernières années de son règne. Enfin Hamed Pacha, renonçant aux préjugés de ses prédécesseurs, s'embarqua à Porto-Farina en novembre 1846 pour visiter la France et ouvrir ainsi le chemin à la civilisation. Il mourut le 15 du mois de Ramadan 1271 (1855), et eut pour successeur Mamoud, qui laissa en 1859 le trône à son frère Mohammed-es-Sadok. Ce dernier est mort le 28 Octobre 1882, et a été remplacé par son frère Aly-Bey, actuellement régnant.

*Gouvernement et Administration.* — La forme du gouvernement est absolue; cependant l'absolutisme s'efface peu à peu par les conseils de la France. Le pouvoir est transmis à l'aîné de la famille sans égard au degré de parenté: l'héritier prend le titre de Bey du Camp parce qu'il allait autrefois avec des troupes encaisser les impôts dûs par les tribus. Le Bey régnant est assisté d'un conseil de ministres dont un certain nombre sont des Français.

La Tunisie est divisée en provinces et en cercles militaires comme on peut le voir par les tableaux qui suivent :

# TABLEAU DES PROVINCES

| | |
|---|---|
| Tunis | |
| Kérouan | 1 Klifa Colonel. |
| Djerid | » à Gafza.<br>» à Tozer.<br>» à Elouédian.<br>Klifa à El-Hamma.<br>» à Tamaghza.<br>» à Nefzaoua. |
| Sahel | » à Sousse.<br>Klifa à Monastir.<br>» à Mahadia. |
| Sfax | 1 Klifa. |
| Ouatan Kably | 1 Klifa, 25 chefs. |
| Arad | » à Gabès. |
| Kef Ouennafa et. Ouertan | 2 Klifa desquels dépendent. 7 Chefs de Tribus. |
| Bizerte | 1 Klifa à Bizerte.<br>1 » à Porto Farina |
| Djerba | 10 Chefs dans l'île. |
| Béja | 1 Klifa et 3 chefs de Tribus. |
| Riah, Zaghouan, Testour et. Medjez-el-Bab | 1 Klifa dans chaque localité. |
| Mateur et la Tribu de Trabelsi | 1 Klifa. |
| Tébourba | 1 Klifa. |
| Téboursouk | 1 Klifa. |
| La Goulette | 1 Klifa. |
| Rades, Mournag, Mahammedia et Hammam-Lif | 1 Oukil dans chaque localité. |

## TABLEAU des Divisions Militaires de la Régence.

| CHEFS LIEUX de Division | CHEFS LIEUX de Subdivision | POSTES OCCUPÉS Militairement |
|---|---|---|
| Division du *Nord* Tunis | Tunis | Tunis-Manouba etc.<br>La Goulette<br>Hammam-Lif<br>Zaghouan<br>Mograne<br>Tébourba<br>Mateur<br>Bizerte |
| | Le Kef | Medjez el Bab<br>Oued-Zergua<br>Aïn-Tounga<br>Tèboursouk<br>Fondouk Messaóudi<br>Le Kef<br>Ellez<br>Souk-el-Djemma |
| | Aïn-Draham | Aïn-Draham<br>Bordj-Sdidou Tabarque<br>Souk-el-Arba<br>Ghardimaou<br>Béja |
| Division du S*ud* Sousse | Sousse | Sousse<br>Oued-Laïa<br>Mahedia<br>El-Djem<br>Kérouan<br>Monastir |
| | Gafsa | Sidi-el-Hani<br>Djilma<br>Feriana<br>Tozeur<br>Gafsa |
| | Gabès | Gabès-Port<br>Ras-el-Oued<br>Djerba<br>El-Aïacha<br>Zarzis |

Les gouverneurs ont un *klifa* à Tunis pour traiter verbalement les affaires avec le gouvernement; dans les provinces ils sont tout puissants.

*Forces, ressources et dettes.* — Les forces de la Tunisie se composent des 7 compagnies franches ou *mixtes* commandées par des officiers français, et de quelques milliers de ces vieux et pauvres soldats qui continuent à tricoter des bonnets de nuit pour vivre. La marine compte environ 200 matelots, mais la France met son armée et sa flotte à la disposition du Bey.

Tous les revenus de l'Etat se divisent en deux grandes classes: ceux qui ont été concédés et ceux qui sont encore au pouvoir du gouvernement, mais sous la surveillance de la Commission financière.

La dette s'élève aujourd'hui à 150,000,000 de francs, non compris les frais de l'expédition française.

*Mesures.* — Il faudrait pour les mesures dont on se sert en Tunisie un traité spécial. Nous ne parlerons que de l'année. — On calcule l'année de quatre manières: selon le calendrier grégorien, le julien, l'israélite et l'arabe. Pour réduire une année de l'hégire en année grégorienne, et vice versâ, voici la formule. Pour les grégoriennes on déduit 622 et on ajoute $\frac{1}{32}$ du reste. Ex: $1883 = 1883\text{-}622 + \frac{1883\text{-}622}{32} = 1261 + \frac{1261}{32} = 1300$, et pour celles de l'hégire on retranche $\frac{1}{33}$ du nombre et on ajoute 622. Ex. $1300 = 1300 - \frac{1300}{33} + 622 = 1300 - 39 + 622 = 1883$.

## VI.

## VILLES, OASIS ET VILLAGES.

*Tunis*, capitale de la Tunisie, renferme selon les calculs les moins exagérés 110000 hab. environ. C'est une ville très ancienne, puisque l'on prétend qu'elle existait déjà au temps des Phéniciens; elle est située par 36° 47' 39'' lat. N. et 7°. 51' long. E: de Paris, Elle est entourée à l'Ouest par un marais et à l'E. par une lagune. On y remarque les faubourgs, les Souks, quelques places, le Dâr-el-Bey, des mosquées assez grandes et des établissements importants; dans ses environs s'élève le Bardo, résidence du gouvernement, la Manouba, Belvédère, el-Ariana, Djafar, Hammam-Lif, remarquable par ses eaux thermo-minérales, l'Aouina la Mohamedia.

*Villes et villages sur le bord de la mer*— Bizerte dont on a tant parlé, Porto-Farina l'ancien port militaire, Bou-Chater, que l'on doit indiquer parce qu'il est sur l'emplacement d'Utique, Marsa résidence de S. A. le Bey, Sidi-bou-Saïd, sanctuaire très vénéré, Carthage, Saint-Louis, Kram et la Goulette, le port le plus important de la Régence, sont les villes et villages que l'on trouve sur la côte Nord de la Tunisie

Kalibia, Menzel Temine, Nabel, Hammamet, Erkla, Sousse, El-Mestir, Mehedia, Schebba, Louse, Sfax, Mahares, Gabès, Zarzis, Bibaen sont celles du littoral oriental; mais les plus importantes villes de la côte sont Sousse, dont la province comprend 24 villages, Monastir, qui a 23 villages dans son territoire, et Sfax qui a un commerce très étendu. L'île de Djerba et celle de Kerkena n'ont que de petits villages.

*Villes et villages de l'intérieur.* Zaghuan, Djugar, le Kef, belle forteresse; Nebeur, Béjà, la ville la plus commerçante de l'inté rieur, quoiqu'elle ait un mauvais climat, Tebourba, Testour, Medjez-el-Bab, Tebour-souk, Mateur, dans un pays riche en bétail, appartiennent an versant Nord; El Nakrela, Hum-Douil, Menzel-bou-Zalfa, Beni-Cralled et Croumbalia sont dans la presqu'île du cap Bon. Kérouan et tous les villages qui dépendent de Sousse et de Monastir au Sud, et dont le plus célèbre est el Djem, sur l' emplacement de l'Ancienne Tysdrus, sont dans le versant méridional.

Les oasis sont nombreuses; au Sud, le Beled Nefzaoua en compte 40 environ; mais les plus importantes sont celles de Gafza, Tozer, Nefta, ainsi que l'oasis de Gabès au bord de la mer.

## VII.

## VOYAGES

### *Pour les points principaux de la Régence.*

*De Tunis à Zaghouan*, il y a 53 kilom. et on peut faire le voyage en voiture, passant par Mohamedia, pauvre village à 13 kilom. de Tunis et Sidi-bou-Hadgeda à 30 kilom. de la Capitale; le chemin est assez bon, excepté au col de Bel-Cratel; on traverse dans ce voyage l'Oued-el-Melian.

*De Tunis à Bizerte.* — Le chemin qui mène à Bizerte arrive d'abord à la Sabela, au-delà des Monts Ahamar et Naali, à 11 kilom. de Tunis; il traverse ensuite une plaine fertile, et à 12 kilom. de la Sabela, près du pont qui traverse la Medjerda, s'élève le fondouc; par le col Menzel-el-Roul, on descend dans la plaine de Gournata, au-delà de laquelle on arrive à Bir-Attala, puis au village appelé Menzel-Dgemil qui est à 7 kilom. de Bizerte, et à partir de ce moment la route suit le lac.

*De Tunis à Sousse.* — On peut y aller en voiture. La distance entre ces deux villes est de 170 kilom.; la route passe par Hammam-el-Enf, la Sabela, Croumbalia et Beled Tourki, avant d'arriver à Beir-lou-Beit, qui est le fondouc où l'on passe la nuit. Au-delà de Bir-lou-Beit le chemin traverse la Djeriba pour arriver à Erkla, et après avoir franchi l'Aly-el-Menzel, le terrain s'élève pour former un plateau d'où l'on distingue le chef-lieu du Sahel. Aujourd'hui les voyageurs préfèrent se rendre à Sousse, ainsi qu'à Monastir, Mehedia et Sfax par bateau.

*De Sousse et El-Djem à Sfax.* — La route passe à 4 kilom. par la Zaouia, laisse sur la droite à 7 kilom. Csiba, qui s'élève sur le penchant d'un plateau traversé par le Hamdun, traverse en descendant Ouerdenin, d'où elle s'avance en deux directions allant d'un côté à Djemmel et de l'autre à Menzel-Kemmel et Djem, après avair touché Sidi-bou-Otman et Bir-Taïb; El Djem est à 50 kilom. de Sousse, mais il y a encore 55 kilom. à franchir pour atteindre la ville de Sfax. Le chemin est bon, il traverse d'abord les plantations du Djem, puis une petite Sebka pour arriver à Mezart-el-Bey; Sidi-Sala est à 16 kilom. de Sfax, et le pays qui le sépare de cette ville est sablonneux et parsemé de vergers.

*De Tunis à Kérouan, Gilma et Gafsa.* — C'est un voyage de 380 kilom. dont 130 entre Kérouan et Tunis, 80 de cette ville au fondouc de l'Oued-Gilma, et 125 de ce fondouc à Gafsa; dans la première partie de son parcours la route passe par Manouba, Birine, Assi-Fifila et Sidi-bou-Hamida, ensuite par une gorge serrée entre le Zagouan et le Djougar, par el-Loucanda et Dar-Mehalla arrive à Gebbebina et après avoir traversé l'Oued-Mebehema, une forêt et une grande plaine entièrement déserte, on arrive à Kérouan; de cette ville à l'Oued-Gilma, la route est tout-à-fait déserte, elle traverse tantôt des marais, tantôt des ruisseaux, et les seules choses qui attirent l'attention du voyageur, ce sont les ruines qui couvrent le sol et les douars des Zlas; dans tout le parcours les lieux de repos sont: les puits de Schebika, Aïn-Beida et Ageb-el-Aïoun. De Gilma à Gafsa on traverse une plaine qui est d'environ 25 kilom.; Zaouia Sedagha, Redir-el-Hallouf, Bir-el-Bey, Oglet-el-Marelba sont les plus importants endroits de ce désert; depuis cette dernière localité le chemin est trèsdifficile parce qu'il passe par un terrain sablonneux pour arriver à l'oasis.

# TABLE DES MATIÈRES

325

www.ingramcontent.com/pod-product-compliance
Ingram Content Group UK Ltd.
Pitfield, Milton Keynes, MK11 3LW, UK
UKHW021022200726
13857UKWH00004B/1527